T/CAGHP 065.1—2019

目　次

前言 ⋯⋯⋯ Ⅲ
引言 ⋯⋯⋯ Ⅴ
1 范围 ⋯⋯⋯⋯⋯⋯⋯⋯⋯⋯⋯⋯⋯⋯⋯⋯⋯⋯⋯⋯⋯⋯⋯⋯⋯⋯⋯⋯⋯⋯⋯⋯⋯⋯⋯⋯⋯⋯⋯ 1
2 术语和定义 ⋯⋯⋯⋯⋯⋯⋯⋯⋯⋯⋯⋯⋯⋯⋯⋯⋯⋯⋯⋯⋯⋯⋯⋯⋯⋯⋯⋯⋯⋯⋯⋯⋯⋯⋯⋯ 1
3 概(估)算文件的组成 ⋯⋯⋯⋯⋯⋯⋯⋯⋯⋯⋯⋯⋯⋯⋯⋯⋯⋯⋯⋯⋯⋯⋯⋯⋯⋯⋯⋯⋯⋯⋯⋯ 3
4 项目组成与项目划分 ⋯⋯⋯⋯⋯⋯⋯⋯⋯⋯⋯⋯⋯⋯⋯⋯⋯⋯⋯⋯⋯⋯⋯⋯⋯⋯⋯⋯⋯⋯⋯⋯ 3
　4.1 项目组成 ⋯⋯⋯⋯⋯⋯⋯⋯⋯⋯⋯⋯⋯⋯⋯⋯⋯⋯⋯⋯⋯⋯⋯⋯⋯⋯⋯⋯⋯⋯⋯⋯⋯⋯⋯ 3
　4.2 项目划分 ⋯⋯⋯⋯⋯⋯⋯⋯⋯⋯⋯⋯⋯⋯⋯⋯⋯⋯⋯⋯⋯⋯⋯⋯⋯⋯⋯⋯⋯⋯⋯⋯⋯⋯⋯ 6
5 费用构成 ⋯⋯⋯⋯⋯⋯⋯⋯⋯⋯⋯⋯⋯⋯⋯⋯⋯⋯⋯⋯⋯⋯⋯⋯⋯⋯⋯⋯⋯⋯⋯⋯⋯⋯⋯⋯ 20
　5.1 概述 ⋯⋯⋯⋯⋯⋯⋯⋯⋯⋯⋯⋯⋯⋯⋯⋯⋯⋯⋯⋯⋯⋯⋯⋯⋯⋯⋯⋯⋯⋯⋯⋯⋯⋯⋯⋯⋯ 20
　5.2 工程费 ⋯⋯⋯⋯⋯⋯⋯⋯⋯⋯⋯⋯⋯⋯⋯⋯⋯⋯⋯⋯⋯⋯⋯⋯⋯⋯⋯⋯⋯⋯⋯⋯⋯⋯⋯⋯ 20
　5.3 独立费 ⋯⋯⋯⋯⋯⋯⋯⋯⋯⋯⋯⋯⋯⋯⋯⋯⋯⋯⋯⋯⋯⋯⋯⋯⋯⋯⋯⋯⋯⋯⋯⋯⋯⋯⋯⋯ 24
　5.4 预备费 ⋯⋯⋯⋯⋯⋯⋯⋯⋯⋯⋯⋯⋯⋯⋯⋯⋯⋯⋯⋯⋯⋯⋯⋯⋯⋯⋯⋯⋯⋯⋯⋯⋯⋯⋯⋯ 26
6 编制方法及计算标准 ⋯⋯⋯⋯⋯⋯⋯⋯⋯⋯⋯⋯⋯⋯⋯⋯⋯⋯⋯⋯⋯⋯⋯⋯⋯⋯⋯⋯⋯⋯⋯⋯ 26
　6.1 基础单价编制 ⋯⋯⋯⋯⋯⋯⋯⋯⋯⋯⋯⋯⋯⋯⋯⋯⋯⋯⋯⋯⋯⋯⋯⋯⋯⋯⋯⋯⋯⋯⋯⋯⋯ 26
　6.2 工程单价编制 ⋯⋯⋯⋯⋯⋯⋯⋯⋯⋯⋯⋯⋯⋯⋯⋯⋯⋯⋯⋯⋯⋯⋯⋯⋯⋯⋯⋯⋯⋯⋯⋯⋯ 30
　6.3 地质灾害防治工程概(估)算编制 ⋯⋯⋯⋯⋯⋯⋯⋯⋯⋯⋯⋯⋯⋯⋯⋯⋯⋯⋯⋯⋯⋯⋯⋯⋯ 33
附录(规范性附录)　概(估)算表格及格式 ⋯⋯⋯⋯⋯⋯⋯⋯⋯⋯⋯⋯⋯⋯⋯⋯⋯⋯⋯⋯⋯⋯⋯ 36

Ⅰ

前言

本规范按照 GB/T 1.1—2009《标准化工作导则　第 1 部分：标准的结构和编写》给出的规则起草。

本规范由中国地质灾害防治工程行业协会提出并归口管理。

本规范主要起草单位：中国国土资源经济研究院。

本规范主要起草人：张鹏、白雪华、张超宇、林燕华、侯冰、吴宝和、宋利军。

本规范由中国地质灾害防治工程行业协会负责解释。

引 言

为适应地质灾害防治行业规范化管理的需要,提高概(估)算编制质量,合理确定工程投资,特制定本规范。

本规范依据国务院《地质灾害防治条例》(国务院〔2003〕第394号令)、《国务院关于加强地质灾害防治工作的决定》(国发〔2011〕20号),结合地质灾害防治工程行业自身特点编制。

本规范内容分为7部分,包括范围、术语和定义、概(估)算文件的组成、项目组成与项目划分、费用构成、编制方法及计算标准、附录。

T/CAGHP 065.1—2019

地质灾害防治工程概(估)算编制规范(试行)

1 范围

本规范规定了地质灾害防治工程概(估)算文件的组成、地质灾害防治工程项目组成与项目划分、地质灾害防治工程费用构成、地质灾害防治工程概(估)算编制方法及计算标准等内容。

本规范适用于政府投资的地质灾害防治项目,也适用于财政性投资矿山地质环境恢复治理和地质遗迹保护等项目。因工程建设等人为活动引发的地质灾害防治工程、按规定应由企业实施的矿山环境恢复治理工程也可参照执行。地质灾害防治工程的设计概(估)算应按编制年的政策及价格水平进行编制。若工程开工年份的设计方案及价格水平与初步设计概算有明显变化时,则其初步设计概算应重编报批。

2 术语和定义

下列术语和定义适用于本规范。

2.1
地质灾害 geological hazard

本规范所指地质灾害包括自然因素或者人为活动引发的危害人民生命、财产和地质环境安全的山体滑坡、崩塌、泥石流、地裂缝、地面沉降、地面塌陷等与地质作用有关的灾害。

2.2
滑坡 landslide

斜坡岩土体在重力作用或有其他因素参与影响下,沿地质弱面发生向下、向外滑动,以向外滑动为主的变形破坏。滑坡通常具有双重含义:一是指岩土体的滑动过程,二是指滑动的岩土体及所形成的堆积体。

2.3
崩塌 rock fall

陡坡上的岩土体在重力作用或其他外力参与下,突然脱离母体,发生以竖向为主的运动,并堆积在坡脚的动力地质现象。

2.4
泥石流 debris flow

由降水(暴雨、冰川、积雪融化水等)诱发,在沟谷或山坡上形成的一种挟带大量泥沙、石块和巨砾等固体物质的特殊洪流。

2.5
地裂缝 ground fissure

地表岩层、土体在自然因素或人为因素作用下产生开裂,并在地面形成具有一定长度和宽度裂缝的宏观地表破坏现象。

2.6
地面沉降 ground subsidence

因自然或人为因素,在一定区域内产生的具有一定规模和分布规律的地表水平面降低的地质现象。

2.7
地面塌陷 ground collapse

地表岩土体在自然或人为因素作用下向下陷落,并在地面形成凹陷、坑洞的一种动力地质现象。

2.8
地质灾害防治工程 geological hazard prevention and control works

针对山体滑坡、崩塌、泥石流、地裂缝、地面沉降、地面塌陷等地质灾害采取专项地质工程措施,控制或者减轻地质灾害的工程活动。

2.9
主体工程 main project

为控制或者减轻地质灾害所采取的专项地质工程措施。地质灾害防治主体工程分为崩塌防治工程,滑坡防治工程,泥石流防治工程,地面塌陷、地裂缝、地面沉降防治工程。

2.10
临时工程 construction temporary project

为辅助主体工程所必须修建的生产和生活用临时性工程。

2.11
直接费 direct fee

工程施工过程中直接消耗在工程项目上的活劳动和物化劳动,由直接工程费和措施费组成。

2.12
间接费 indirect fee

施工企业为工程施工而进行组织、经营管理所发生的各项费用,它构成产品成本。由企业管理费、规费组成。

2.13
利润 profit

施工企业完成所承包工程应取得的盈利。

2.14
税金 tax

国家税法规定的应计入工程造价内的增值税、城市维护建设税、教育费附加和地方教育附加。

2.15
独立费 independent fee

独立费包括项目建设管理费、工程勘查设计费、工程造价咨询费、科学研究试验费、工程监理与相关服务费、设计文件审查费、建设及施工场地征用费、环境保护税及水土保持费、专项检测费、监测费、工程保险费等。

2.16
基本预备费 basic reserve fee

在初步设计和概(估)算中难以预料的工程和费用。

3 概(估)算文件的组成

概(估)算文件应包括编制说明、概(估)算表和相关文件。具体内容及格式见附录。

4 项目组成与项目划分

根据国务院公布的《地质灾害防治条例》(国务院〔2003〕第394号令)规定,地质灾害包括自然因素或者人为活动引发的危害人民生命和财产安全的山体崩塌、滑坡、泥石流、地面塌陷、地裂缝、地面沉降等与地质作用有关的灾害。地质灾害防治工程是针对上述地质灾害采取专项地质工程措施,控制或者减轻地质灾害的工程活动。

4.1 项目组成

地质灾害防治工程主要为建筑工程,包括主体工程(表1)和施工临时工程(表2)。根据地质灾害分类,地质灾害防治主体工程分为崩塌防治工程,滑坡防治工程,泥石流防治工程,地面塌陷、地裂缝、地面沉降防治工程。各种地质灾害防治工程的项目组成如下。

4.1.1 主体工程

4.1.1.1 崩塌防治工程

崩塌防治工程主要指针对危岩(石)体、崩塌堆积体等地质灾害的防治工程。
a) 减载工程主要包括危岩(石)体清除、削坡减载等。
b) 加固工程主要包括封填危岩(石)腔缝、危岩(石)体支顶、危岩(石)体锚固等。
c) 防护工程主要包括主动柔性防护网、被动柔性防护网、拦石墙、落石槽、障桩(墩)、棚洞等。
d) 排导工程主要包括排(截)水沟等。

4.1.1.2 滑坡防治工程

滑坡防治工程主要是针对滑坡、不稳定斜坡等地质灾害的防治工程。
a) 排导工程主要包括排(截)水沟、盲沟、排水隧洞(廊道)、排水孔等。
b) 加固工程主要包括预应力锚索(杆)加固、注浆加固、格构锚固、锚喷支护、砌石护坡等。
c) 防护工程主要包括混凝土灌注抗滑桩、锚拉抗滑桩、抗滑挡墙、抗滑键、小口径组合抗滑桩、桩板墙、加筋挡土墙、主动柔性防护网等。
d) 减载工程主要包括削方减载、回填压脚等。
e) 生物工程主要包括植被护坡等。

4.1.1.3 泥石流防治工程

a) 排导工程主要包括排导槽、防护堤等。
b) 固源工程主要包括潜坝、谷坊群等。
c) 防护工程主要包括挡墙、重力式实体坝、格栅坝、防冲墙、防冲墩等。
d) 生物工程主要包括植被护坡、植树种草等。

4.1.1.4 地面塌陷、地裂缝、地面沉降防治工程

a) 防渗工程主要包括防水材料封闭、回填抹面封闭等。
b) 加固工程主要包括恢复地下水位、控制地下水位、压浆阻水、回填夯实等。

表 1 地质灾害防治主体工程项目组成

地质灾害类别	地质灾害防治工程	
	工程类别	工程名称
崩塌地质灾害	减载工程	危岩(石)体清除
		削方减载
	加固工程	封填危岩(石)腔缝
		危岩(石)体支顶
		危岩(石)体锚固
	防护工程	主动柔性防护网
		被动柔性防护网
		拦石墙
		落石槽
		障桩(墩)
		棚洞
	排导工程	排(截)水沟
滑坡地质灾害	排导工程	排(截)水沟
		盲沟
		排水隧洞(廊道)
		排水孔
	加固工程	预应力锚索(杆)加固
		注浆加固
		格构锚固
		锚喷支护
		砌石护坡
	防护工程	混凝土灌注抗滑桩
		锚拉抗滑桩
		抗滑挡墙
		抗滑键
		小口径组合抗滑桩
		桩板墙
		加筋挡土墙
		主动柔性防护网
	减载工程	削方减载
		回填压脚
	生物工程	植被护坡

表 1 地质灾害防治主体工程项目组成(续)

地质灾害类别	地质灾害防治工程	
	工程类别	工程名称
泥石流地质灾害	排导工程	排导槽
		防护堤
	固源工程	潜坝
		谷坊群
	防护工程	挡墙
		重力式实体坝
		格栅坝
		防冲墙
		防冲墩
	生物工程	植被护坡
		植树种草
地面塌陷、地裂缝、地面沉降	防渗工程	防水材料封闭
		回填抹面封闭
	加固工程	恢复地下水位
		控制地下水位
		压浆阻水
		回填夯实

4.1.2 施工临时工程

施工临时工程指为辅助主体工程所必须修建的生产和生活用临时性工程。施工临时工程未在主体工程的措施费中计算,需要单独设计。表 2 施工临时工程中二次转运指因为施工场地狭小,或因交通道路条件较差使得运输车辆难以直接到达指定地点,而需要通过小车或人力进行第二次或多次转运。大型脚手架指由于施工需要而搭建的高度超过 5m 的脚手架。大型安全措施指由于施工需要而单独设计的安全措施项目。地质灾害防治工程施工需要而表 2 中没有列出的临时工程项目,可列入其他临时工程中。

表 2 施工临时工程项目组成

工程类别	工程名称
导流工程	导流明渠
	围堰
	导流洞
施工交通工程	施工联络线
	公路工程
	便桥工程

表2 施工临时工程项目组成（续）

工程类别	工程名称
施工供电工程	35 kV输电线路架设
	10 kV输电线路架设
临时房屋建筑工程	办公室
	生活住房
	生活福利设施
	仓库
其他临时工程	二次转运
	大型脚手架
	大型安全措施

4.2 项目划分

地质灾害防治工程分为主体工程和施工临时工程，工程各部分下设一、二、三级项目（表3、表4）。在编制概（估）算时二、三级项目可根据地质灾害防治工程初步设计的工作深度和工程情况增减。

4.2.1 地质灾害防治主体工程项目划分

表3 地质灾害防治主体工程项目划分

序号	一级项目	二级项目	三级项目	技术经济指标
一	排导工程			
1		排（截）水沟		
			土方开挖	元/m³
			石方开挖	元/m³
			土石方回填	元/m³
			混凝土	元/m³
			模板	元/m²
			砌石	元/m³
			排水孔	元/m
			抹面	元/m²
2		盲沟		
			土方开挖	元/m³
			石方开挖	元/m³
			土石方回填	元/m³
			浆砌块石	元/m³

表 3 地质灾害防治主体工程项目划分(续)

序号	一级项目	二级项目	三级项目	技术经济指标
			混凝土	元/m³
			滤料	元/m³
			管材	元/m
			土工布	元/m²
3		排水隧洞(廊道)		
			土方开挖	元/m³
			石方开挖	元/m³
			土石方回填	元/m³
			混凝土	元/m³
			钢筋	元/t
			钢支撑	元/t
			喷射混凝土	元/m³
			锚杆	元/根
			模板	元/m²
			灌浆孔	元/m
			灌浆	—
4		排导槽		
			土方开挖	元/m³
			石方开挖	元/m³
			土石方回填	元/m³
			混凝土	元/m³
			砌石	元/m³
			模板	元/m²
			伸缩缝	元/m²
			涵管	元/m
5		防护堤		
			土方开挖	元/m³
			石方开挖	元/m³
			土石方回填	元/m³
			混凝土	元/m³
			砌石	元/m³
			模板	元/m²
			抹面	元/m²
			伸缩缝	元/m²

表 3 地质灾害防治主体工程项目划分（续）

序号	一级项目	二级项目	三级项目	技术经济指标
6		导流堤		
			土方开挖	元/m³
			石方开挖	元/m³
			土石方回填	元/m³
			反滤层	元/m³
			混凝土	元/m³
			砌石	元/m³
			模板	元/m²
			抹面	元/m²
			伸缩缝	元/m²
7		束流堤		
			土方开挖	元/m³
			石方开挖	元/m³
			土石方回填	元/m³
			反滤层	元/m³
			混凝土	元/m³
			砌石	元/m³
			模板	元/m²
			抹面	元/m²
			伸缩缝	元/m²
8		排水孔		
			钻孔	元/m
			填料、插管	元/m
9		排水管		
			垫座砌筑	元/m³
			排水管铺设	元/m
10		其他排导工程		
二	加固工程			
1		封填危岩(石)腔缝		
			黏土回填	元/m³
			混凝土	元/m³
			灌浆孔	元/m
			排水孔	元/m
			砌石	元/m³

表 3 地质灾害防治主体工程项目划分（续）

序号	一级项目	二级项目	三级项目	技术经济指标
2		危岩(石)体支顶		
			土方开挖	元/m³
			石方开挖	元/m³
			混凝土	元/m³
			砌石	元/m³
			钢筋	元/t
			模板	元/m²
			抹面	元/m²
3		危岩(石)体锚固		
			锚杆	元/m
			锚索	元/m
4		格构锚固		
			土方开挖	元/m³
			石方开挖	元/m³
			土石方回填	元/m³
			混凝土	元/m³
			模板	元/m²
			锚杆	元/m
			锚索	元/m
5		预应力锚索(杆)加固		
			锚杆	元/m
			锚索	元/m
6		注浆加固		
			灌浆孔	元/m
			灌浆	—
7		锚喷支护		
			喷射混凝土	元/m³
			钢筋	元/t
			锚杆	元/m
8		岩石面喷浆		
			岩石面清理	元/m²
			混凝土	元/m³
			喷浆	元/m³

表3 地质灾害防治主体工程项目划分（续）

序号	一级项目	二级项目	三级项目	技术经济指标
9		砌石护坡		
			土方开挖	元/m³
			石方开挖	元/m³
			土石方回填	元/m³
			反滤层	元/m³
			砌石	元/m³
			排水孔	元/m
			抹面	元/m²
10		石灰桩		
			桩机械成孔	元/m
			混合料夯填	元/m³
11		恢复原地下水位		
			土方开挖	元/m³
			石方开挖	元/m³
			土石方回填	元/m³
			防渗混凝土	元/m³
			防水砂浆抹面	元/m²
			氯丁橡胶板	元/m²
			灌浆孔	元/m
			灌浆	—
			抽水	元/台时
12		控制地下水位		
			土方开挖	元/m³
			石方开挖	元/m³
			土石方回填	元/m³
			防渗混凝土	元/m³
			防水砂浆抹面	元/m²
			氯丁橡胶板	元/m²
			灌浆孔	元/m
			灌浆	—
			抽水	元/台时
13		压浆阻水		
			土方开挖	元/m³
			石方开挖	元/m³

表 3 地质灾害防治主体工程项目划分(续)

序号	一级项目	二级项目	三级项目	技术经济指标
			土石方回填	元/m³
			防渗混凝土	元/m³
			防水砂浆抹面	元/m²
			氯丁橡胶板	元/m²
			灌浆孔	元/m
			灌浆	—
14		回填夯实		
			土方开挖	元/m³
			石方开挖	元/m³
			土石方回填	元/m³
			防渗混凝土	元/m³
			防水砂浆抹面	元/m²
			氯丁橡胶板	元/m²
			强夯场地	元/m²
			连砂石回填	元/m³
15		沟床铺砌		
			土方开挖	元/m³
			石方开挖	元/m³
			土石方回填	元/m³
			砌石	元/m³
			混凝土	元/m³
16		其他加固工程		
三	防护工程			
1		被动柔性防护网		
			土方开挖	元/m³
			石方开挖	元/m³
			被动柔性防护网	元/m²
			锚杆	元/m
2		主动柔性防护网		
			土方开挖	元/m³
			石方开挖	元/m³
			主动柔性防护网	元/m²
			锚杆	元/m

表 3 地质灾害防治主体工程项目划分（续）

序号	一级项目	二级项目	三级项目	技术经济指标
3		拦石墙		
			土方开挖	元/m³
			石方开挖	元/m³
			土石方回填	元/m³
			混凝土	元/m³
			砌石	元/m³
			排水孔	元/m
			模板	元/m²
			抹面	元/m²
4		抗滑键		
			土方开挖	元/m³
			石方开挖	元/m³
			土石方回填	元/m³
			混凝土	元/m³
			砌石	元/m³
			模板	元/m²
5		混凝土灌注抗滑桩		
			土方开挖	元/m³
			石方开挖	元/m³
			混凝土	元/m³
			钢筋	元/t
			模板	元/m²
			机械成孔	元/m
6		锚拉抗滑桩		
			土方开挖	元/m³
			石方开挖	元/m³
			混凝土	元/m³
			钢筋	元/t
			模板	元/m²
			锚索	元/m
			桩机械成孔	元/m
7		小口径组合抗滑桩		
			桩孔	元/m
			钢材	元/t

表 3 地质灾害防治主体工程项目划分(续)

序号	一级项目	二级项目	三级项目	技术经济指标
			钢筋	元/t
			灌浆	—
8		抗滑挡墙		
			土方开挖	元/m³
			石方开挖	元/m³
			土石方回填	元/m³
			混凝土	元/m³
			砌石	元/m³
			排水孔	元/m
			反滤层	元/m³
			黏土封填	元/m³
			伸缩缝	元/m²
			抹面	元/m²
			石笼	元/m³
9		加筋挡土墙		
			土方开挖	元/m³
			石方开挖	元/m³
			土石方回填	元/m³
			混凝土	元/m³
			钢筋	元/t
			聚丙烯土工带	元/kg
			模板	元/m²
10		干砌石挡墙		
			土方开挖	元/m³
			石方开挖	元/m³
			土石方回填	元/m³
			干砌块石	元/m³
			反滤层	元/m³
			伸缩缝	元/m²
11		浆砌石挡墙		
			土方开挖	元/m³
			石方开挖	元/m³
			土石方回填	元/m³
			浆砌块石	元/m³

表3 地质灾害防治主体工程项目划分（续）

序号	一级项目	二级项目	三级项目	技术经济指标
			反滤层	元/m³
			伸缩缝	元/m²
12		混凝土挡墙		
			土方开挖	元/m³
			石方开挖	元/m³
			土石方回填	元/m³
			混凝土	元/m³
			反滤层	元/m³
			伸缩缝	元/m²
13		桩板墙		
			土方开挖	元/m³
			石方开挖	元/m³
			土石方回填	元/m³
			混凝土	元/m³
			钢筋	元/t
			模板	元/m²
			桩机械成孔	元/m
14		格栅坝		
			土方开挖	元/m³
			石方开挖	元/m³
			土石方回填	元/m³
			混凝土	元/m³
			砌石	元/m³
			模板	元/m²
			抹面	元/m²
			钢材	元/t
			高弹性钢丝网	元/m²
			钢筋	元/t
			桩机械成孔	元/m
15		防冲墙		
			土方开挖	元/m³
			石方开挖	元/m³
			土石方回填	元/m³
			混凝土	元/m³

表3 地质灾害防治主体工程项目划分（续）

序号	一级项目	二级项目	三级项目	技术经济指标
			砌石	元/m³
			模板	元/m²
			抹面	元/m²
			伸缩缝	元/m²
16		重力式实体坝		
			土方开挖	元/m³
			石方开挖	元/m³
			土石方回填	元/m³
			混凝土	元/m³
			砌石	元/m³
			模板	元/m²
			抹面	元/m²
			钢筋	元/t
			桩机械成孔	元/m
17		浆砌石重力坝		
			土方开挖	元/m³
			石方开挖	元/m³
			土石方回填	元/m³
			混凝土	元/m³
			砌石	元/m³
			模板	元/m²
			抹面	元/m²
			钢筋	元/t
			桩机械成孔	元/m
18		浆砌石拱坝		
			土方开挖	元/m³
			石方开挖	元/m³
			土石方回填	元/m³
			混凝土	元/m³
			砌石	元/m³
			模板	元/m²
			抹面	元/m²
			钢筋	元/t
			桩机械成孔	元/m

表3 地质灾害防治主体工程项目划分(续)

序号	一级项目	二级项目	三级项目	技术经济指标
19		防冲墩		
			土方开挖	元/m³
			石方开挖	元/m³
			土石方回填	元/m³
			混凝土	元/m³
			砌石	元/m³
			模板	元/m²
			抹面	元/m²
			伸缩缝	元/m²
20		落石槽		
			土方开挖	元/m³
			石方开挖	元/m³
			土石方回填	元/m³
			混凝土	元/m³
			砌石	元/m³
			模板	元/m²
			抹面	元/m²
21		障桩(墩)		
			土方开挖	元/m³
			石方开挖	元/m³
			土石方回填	元/m³
			混凝土	元/m³
			砌石	元/m³
			模板	元/m²
			抹面	元/m²
22		棚洞		
			土方开挖	元/m³
			石方开挖	元/m³
			土石方回填	元/m³
			混凝土	元/m³
			钢筋	元/t
			模板	元/m²
			桩机械成孔	元/m
			抹面	元/m²

表3 地质灾害防治主体工程项目划分(续)

序号	一级项目	二级项目	三级项目	技术经济指标
23		其他防护工程		
四	减载工程			
1		危岩(石)体清除		
			危石爆破	元/m³
			石方开挖	元/m³
2		削方减载		
			土方开挖	元/m³
			石方开挖	元/m³
3		回填压脚		
			土方开挖	元/m³
			石方开挖	元/m³
			土石方回填	元/m³
4		其他减载工程		
五	固源工程			
1		潜坝		
			土方开挖	元/m³
			石方开挖	元/m³
			土石方回填	元/m³
			混凝土	元/m³
			砌石	元/m³
			模板	元/m²
			抹面	元/m²
2		谷坊群		
			土方开挖	元/m³
			石方开挖	元/m³
			土石方回填	元/m³
			混凝土	元/m³
			砌石	元/m³
			模板	元/m²
			抹面	元/m²
3		其他固源工程		
六	防渗工程			
1		防水材料封闭		
			土方开挖	元/m³

表 3 地质灾害防治主体工程项目划分（续）

序号	一级项目	二级项目	三级项目	技术经济指标
			石方开挖	元/m^3
			土石方回填	元/m^3
			防渗混凝土	元/m^3
			防水砂浆抹面	元/m^2
			氯丁橡胶板	元/m^2
2		回填抹面封闭		
			土方开挖	元/m^3
			石方开挖	元/m^3
			土石方回填	元/m^3
			防渗混凝土	元/m^3
			防水砂浆抹面	元/m^2
			氯丁橡胶板	元/m^2
3		其他防渗工程		
七	生物工程			
1		种植土回填		
			土方开挖	元/m^3
			土方运输	元/m^3
			土方回填	元/m^3
2		栽植乔木		
			栽植	元/株
			养护	元/株
3		栽植灌木		
			栽植	元/株
			养护	元/株
4		栽植竹类		
			栽植	元/株
			养护	元/株
5		栽植攀援植物		
			栽植	元/株
			养护	元/株
6		喷播植草（灌木）籽		
			栽植	元/m^2
			养护	元/m^2

表 3 地质灾害防治主体工程项目划分（续）

序号	一级项目	二级项目	三级项目	技术经济指标
7		铺种草皮		
			栽植	元/m²
			养护	元/m²
8		其他生物工程		

4.2.2 施工临时工程项目划分

表 4 施工临时工程项目划分

序号	一级项目	二级项目	三级项目	技术经济指标
一	导流工程			
1		导流明渠		
			土方开挖	元/m³
			石方开挖	元/m³
			土石方回填	元/m³
			模板	元/m²
			混凝土	元/m³
			钢筋	元/t
			涵管	元/m
2		围堰		
			土方开挖	元/m³
			石方开挖	元/m³
			堰体填筑	元/m³
			砌石	元/m³
			防渗	元/m²
			堰体拆除	元/m³
			截流	—
3		导流洞		
			土方开挖	元/m³
			石方开挖	元/m³
			模板	元/m²
			混凝土	元/m³
			钢筋	元/t
			灌浆	—

表4 施工临时工程项目划分(续)

序号	一级项目	二级项目	三级项目	技术经济指标
二	施工交通工程			
1		施工联络线		元/km
2		公路工程		元/km
3		便桥工程		元/km
三	施工供电工程			
1		35 kV输电线路架设		元/km
2		10 kV输电线路架设		元/km
四	临时房屋建筑工程			
1		办公室		元/m²
2		生活住房		元/m²
3		生活福利设施		元/m²
4		仓库		元/m²
五	其他临时工程			
1		二次转运		元/t
2		大型脚手架		元/m²
3		大型安全措施		—

5 费用构成

5.1 概述

地质灾害防治工程费用构成如图1所示。

5.2 工程费

5.2.1 直接费

直接费指工程施工过程中直接消耗在工程项目上的活劳动和物化劳动,由直接工程费和措施费组成。

5.2.1.1 直接工程费

直接工程费包括人工费、材料费、施工机械使用费。
a) 人工费指按工资总额构成规定,支付给从事建筑工程施工的生产工人和附属生产单位工人的各项费用。其内容包括:
   1) 计时工资或计件工资,指按计时工资标准和工作时间或对已做工作按计件单价支付给个人的劳动报酬。
   2) 奖金,指因超额劳动和增收节支支付给个人的劳动报酬,如节约奖、劳动竞赛奖等。

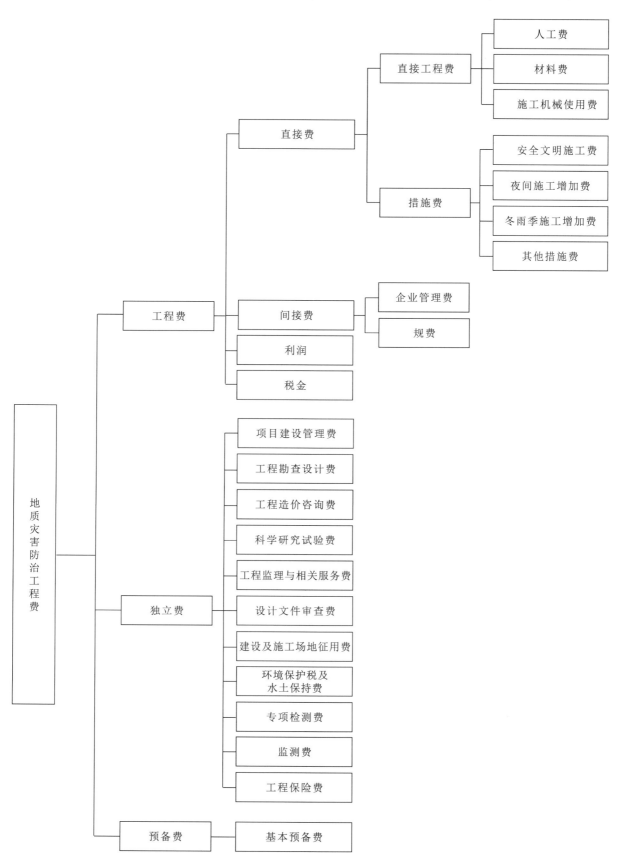

图 1 地质灾害防治工程费用构成

3) 津贴补贴,指为了补偿职工特殊或额外的劳动消耗和因其他特殊原因支付给个人的津贴,以及为了保证职工工资水平不受物价影响支付给个人的物价补贴,如流动施工津贴、特殊地区施工津贴、高温(寒)作业临时津贴、高空津贴等。
4) 加班加点工资,指按规定支付的在法定节假日工作的加班工资和在法定日工作时间外延时工作的加点工资。
5) 特殊情况下支付的工资,指根据国家法律、法规和政策规定,因病、工伤、产假、计划生育假、婚丧假、事假、探亲假、定期休假、停工学习、执行国家或社会义务等原因按计时工资标准或计时工资标准的一定比例支付的工资。

b) 材料费指施工过程中耗用的构成工程实体的原材料、辅助材料、构(配)件、零件、半成品、成品的用量和周转材料的摊销量,按工程所在地的材料预算价格计算的费用。材料费由不含增值税进项税额的材料价格、运杂费、场外运输损耗、采购及仓库保管费组成。

c) 施工机械使用费指消耗在工程项目上的机械磨损、维修和动力燃料费用等。其内容包括:
1) 折旧费,指施工机械在规定使用年限内回收原值的台时折旧摊销费用。
2) 修理及替换设备费,指施工机械使用过程中,为了使机械保持正常功能而进行修理所需的摊销费用,机械正常运转和日常保养所需的润滑油料、擦拭用品的费用,以及保管机械所需的费用。替换设备费指施工机械正常运转时所耗用的替换设备及随机使用的工具用具等摊销费用。
3) 安装拆卸费,指施工机械进出工地的安装、拆卸、试运转和场内转移及辅助设施的摊销费用。部分大型施工机械的安装拆卸费不在其施工机械使用费中计列,包含在其他施工临时工程中。
4) 机上人工费,指施工机械使用时机上操作人员人工费用。
5) 动力燃料费,指施工机械正常运转时所耗用的风、水、电、油和煤等费用,以不含增值税进项税额的价格计。

5.2.1.2 措施费

措施费包括安全文明施工费、夜间施工增加费、冬雨季施工增加费、其他措施费。

a) 安全文明施工费,指施工企业按照国家有关规定和施工安全标准,购置施工安全防护用具、落实安全施工措施、改善安全生产条件、加强安全生产管理等所需的费用,包括环境保护、文明施工、安全施工、临时设施等。
1) 环境保护,指现场施工机械设备降低噪声、防扰民措施;水泥和其他易飞扬细颗粒建筑材料密闭存放或采取覆盖措施等;工程防扬尘洒水;土石方、建渣外运车辆防护措施等;现场污染源的控制、生活垃圾清理外运、场地排水排污措施;其他环境保护措施。
2) 文明施工,指"五牌一图"(工程概况牌、管理人员名单及监督电话牌、消防安全制度牌、安全生产制度牌、文明和环保制度牌和施工现场总平面图);现场围挡的墙面美化(包括内外粉刷、刷白、标语等)、压顶装饰;现场厕所便槽刷白、贴面砖,水泥砂浆地面或地砖,建筑物内临时便溺设施;其他施工现场临时设施的装饰装修、美化措施;现场生活卫生设施;符合卫生要求的饮水设备、淋浴、消毒等设施;生活用洁净燃料;防煤气中毒、防蚊虫叮咬等措施;施工现场操作场地的硬化;现场绿化、治安综合治理;现场配备医药保健器材、物品和急救人员培训;现场工人的防暑降温、电风扇、空调等设备及用电;其他文明施工措施。
3) 安全施工,指施工安全监测,安全资料、特殊作业专项方案的编制,安全施工标志的购置及安全宣传;"三宝"(安全帽、安全带、安全网)、"四口"(楼梯口、电梯井口、通道口、预留洞口)、"五临边"(阳台围边、楼板围边、屋面围边、槽坑围边、卸料平台两侧),水平防护架、垂直防护架、外架封闭等防护;施工安全用电,包括配电箱三级配电、两级保护装置要求、外电防护措施;起重机、塔吊等起重设备(含井架、门架)和外用电梯的安全防护措施(含警示标志)及卸料平台的临边防护、层间安全门、防护棚等设施;建筑工地起重机械的检验检测;施工机具防护棚及其围栏的安全保护设施;施工安全防护通道;工人的安全防护用品、用具购置;消防设施与消防器材的配置;电气保护、安全照明设施;其他安全防护措施。

4) 临时设施,指施工现场采用彩色、定型钢板,砖、混凝土砌块等围挡的安砌、维修、拆除。

b) 夜间施工增加费,指因夜间施工所发生的夜间固定照明灯具和临时可移动照明灯具的设置、拆除;夜间施工时,施工现场交通标志、安全标牌、警示灯等的设置、移动、拆除;夜间照明设备及照明用电、施工人员夜班补助、夜间施工劳动效率降低等。

c) 冬雨季施工增加费,指在冬雨季施工期间为保证工程质量和安全生产所需增加的费用,包括增加的临时设施(防寒保温、防雨设施)的搭设、拆除;对砌体、混凝土等采用的特殊加温、保温和养护措施;施工现场的防滑处理、对影响施工的雨雪的清除;施工人员的劳动保护用品、冬雨季施工劳动效率降低等。

d) 其他措施费,包括小型临时设施摊销费、施工工具用具使用费、检验试验费、工程定位复测费、工程点交费、竣工场地清理费、工程项目及设备仪表移交前的维护观察费。其中,小型临时设施摊销费指工程进行正常施工在工作面发生的小型临时设施摊销费用,如一般场地平整、风水电支管支线架设拆除、场内施工排水、支线道路养护、临时茶棚、休息棚搭拆等。

5.2.2 间接费

间接费指施工企业为工程施工而进行组织、经营管理所发生的各项费用,它构成产品成本,由企业管理费和规费组成。

5.2.2.1 企业管理费

企业管理费指施工企业为组织施工生产和经营管理所需的费用。其内容包括:

a) 管理人员工资,指按规定支付给管理人员的计时工资、奖金、津贴补贴、加班加点工资及特殊情况下支付的工资。

b) 办公费,指企业管理办公用的文具、纸张、账表、印刷、邮电、书报、办公软件、现场监控、会议、水电、烧水和集体取暖降温(包括现场临时宿舍取暖降温)等费用。

c) 差旅交通费,指职工因公出差、调动工作的差旅费,住勤补助费,市内交通费和误餐补助费,职工探亲路费,劳动力招募费,职工退休、退职一次性路费,工伤人员就医路费,工地转移费以及管理部门使用的交通工具的油料、燃料等费用。

d) 固定资产使用费,指管理和试验部门及附属生产单位使用的属于固定资产的房屋、设备、仪器等的折旧、大修、维护或租赁费。

e) 工具用具使用费,指企业施工生产和管理使用的不属于固定资产的工具、器具、家具、交通工具和检验、试验、测绘、消防用具等的购置、维修和摊销费。

f) 劳动保护费,指企业按规定发放的劳动保护用品的支出,如工作服、手套、防暑降温饮料以及在有碍身体健康的环境中施工的保健费用等。

g) 工会经费,指企业按《中华人民共和国工会法》的规定,按全部职工工资总额的一定比例计提的工会经费。
- h) 职工教育经费,指按职工工资总额的规定比例计提,企业为职工进行专业技术和职业技能培训、专业技术人员继续教育、职工职业技能鉴定、职业资格认定以及根据需要对职工进行各类文化教育所发生的费用。
- i) 财产保险费,指施工管理用财产、车辆等的保险费用。
- j) 财务费,指企业为施工生产筹集资金或提供预付款担保、履约担保、职工工资支付担保等所发生的各种费用。
- k) 税金,指企业按规定缴纳的房产税、车船使用税、土地使用税、印花税等。
- l) 其他,包括技术转让费、技术开发费、投标费、业务招待费、绿化费、广告费、公证费、法律顾问费、审计费、咨询费等。

5.2.2.2 规费

规费指政府和有关部门规定必须缴纳的费用。其内容包括:
- a) 养老保险费,指企业按规定标准为职工缴纳的基本养老保险费。
- b) 失业保险费,指企业按规定标准为职工缴纳的失业保险费。
- c) 医疗保险费,指企业按规定标准为职工缴纳的基本医疗保险费。
- d) 生育保险费,指企业按规定标准为职工缴纳的生育保险费。
- e) 工伤保险费,指企业按规定标准为职工缴纳的工伤保险费。
- f) 住房公积金,指企业按规定标准为职工缴纳的住房公积金。

5.2.3 利润

利润指施工企业完成所承包工程应取得的盈利。

5.2.4 税金

税金指国家税法规定的应计入工程造价内的增值税、城市维护建设税、教育费附加和地方教育附加。

5.3 独立费

5.3.1 项目建设管理费

项目建设管理费指项目建设单位从项目筹建之日起至办理竣工财务决算之日止发生的管理性质的支出,包括不在原单位发工资的工作人员工资及相关费用、办公费、办公场地租用费、差旅交通费、劳动保护费、工具用具使用费、固定资产使用费、招募生产工人费、技术图书资料费(含软件)、业务招待费、施工现场津贴、竣工验收费和其他管理性质开支。

5.3.2 工程勘查设计费

工程勘查设计费指工程项目进行可行性研究、初步设计、施工图设计阶段发生的勘查设计费用。

工程勘查费包括收集已有资料、现场踏勘、制定勘查纲要,进行测绘、勘探、取样、试验、测试、检测、监测等勘查作业,以及编制工程勘查文件和岩土工程设计文件等服务收取的费用。

工程设计费包括编制项目建议书(或预可行性研究报告)、可行性研究报告、建设项目初步设计文件、施工图设计文件等服务收取的费用。

5.3.3 工程造价咨询费

工程造价咨询费指编制建设工程项目投资估算、审核及项目经济评价;工程概算、工程量清单、工程预算、工程结算审查、竣工决算的编制;工程实施各阶段造价控制,工程造价纠纷鉴证;工程造价信息、技术经济咨询以及与工程造价业务有关的咨询服务,出具工程造价成果文件等活动所收取的费用。

5.3.4 科学研究试验费

科学研究试验费指为本建设项目提供或验证设计数据、资料进行必要的研究试验,按照设计规定在施工过程中必须进行试验、验证所需的费用,以及支付科技成果、先进技术的一次性技术转让费。该费用不包括:
a) 应由科技三项费用(即新产品试制费、中间试验费和重要科学研究补助费)开支的项目。
b) 应由勘查设计费开支的费用。

5.3.5 工程监理与相关服务费

工程监理与相关服务费指工程监理机构接受委托,提供地质灾害防治工程施工阶段的质量、进度、费用的控制,安全生产监督,合同的管理和发包人与合同各方关系的协调,以及勘查、设计、保修阶段的相关服务所收取的费用。各阶段的工作内容见表5。

表5 地质灾害防治工程监理与相关服务的主要工作内容

服务阶段	主要工作内容	备注
勘查阶段	协助发包人编制勘查要求、选择勘查单位,核查勘查方案并监督实施,参与验收勘查成果	地质灾害防治工程勘查、设计、施工、保修等阶段监理与相关服务的具体工作内容执行国家、行业有关的规范、规定
设计阶段	协助发包人编制设计要求、选择设计单位、监督设计合同履行、审查设计大纲、参与设计评审	
施工阶段	施工过程中的质量、进度、费用的控制,安全生产监督,合同的管理,发包人与合同各方关系的协调等	
保修阶段	确认工程质量缺陷,调查缺陷原因,审核修复方案及费用,监督修复过程,参与验收	

5.3.6 设计文件审查费

设计文件审查费指建设单位根据国家颁布的法律、法规、行业规定,对项目勘查和项目设计的安全性、可靠性、先进性、经济性进行评审所发生的有关费用,包括勘查、可行性研究、初步设计、施工图设计以及重大设计变更(含可行性研究估算、初步设计概算、施工图预算)等阶段进行评审所发生的费用。

5.3.7 建设及施工场地征用费

建设及施工场地征用费指根据设计确定的永久或临时工程征用地所发生的征地补偿费用及应缴纳的耕地占用税等,主要包括征用场地上的林木、作物的赔偿,建筑物迁建及居民迁移费等。其中,属于地质灾害防治工程永久建筑物或构筑物的征地部分的费用为永久占地及青苗补偿费;除永久建筑物或构筑物以外的部分为临时占地及青苗补偿费;如果发生建筑迁建及居民迁移等,则为拆迁补偿费。

5.3.8 环境保护税及水土保持费

环境保护税及水土保持费指防止由于地质灾害防治工程施工期产生的"三废"排放,噪声以及施工开挖、弃渣、占地等活动对地形、地貌、植被的影响和破坏,同时对土地资源利用、下游取水设施、社会经济等社会环境产生一定影响而增加的一次性费用。

5.3.9 专项检测费

专项检测费指地质灾害防治工程从开工后至竣工验收前由工程质量检测单位进行测桩、锚固应力检测等专项检测发生的费用。

5.3.10 监测费

监测费指对地质灾害防治工程效果进行监测所需要的费用。监测由建设单位(业主)委托有地质灾害勘查资质的单位实施。

5.3.11 工程保险费

工程保险费指工程建设期间,为使工程遭受水灾、火灾等自然灾害和意外事故造成损失后能得到经济补偿,对建筑工程、施工机械投保的建筑工程一切险、财产险、第三者责任险等。

5.4 预备费

预备费包括基本预备费和价差预备费,此处不考虑价差预备费。基础预备费指在初步设计和概(估)算中难以预料的工程费用。其用途如下:
a) 在进行技术设计、施工图设计和施工过程中,在批准的初步设计和概算范围内所增加的工程费用。
b) 由于一般自然灾害所造成的损失和预防自然灾害所采取的措施产生的费用。
c) 竣工验收时为鉴定工程质量对隐蔽工程进行必要的挖掘和修复产生的费用。

6 编制方法及计算标准

6.1 基础单价编制

6.1.1 人工预算单价

人工预算单价按表6标准计算。

表6 人工预算单价计算标准

单位：元/工时

名称	一般地区	一类区	二类区	三类区	四类区	五类区、西藏二类区	六类区、西藏三类区	西藏四类区
人工	11.55	11.80	11.98	12.26	12.76	13.61	14.63	15.40

注：跨地区建设项目的人工预算单价可按主要建筑物所在地确定，也可按工程规模或投资比例进行综合确定。

6.1.2 材料预算单价

6.1.2.1 材料预算单价的计算方法

$$材料预算单价=(材料价格+运杂费)\times(1+场外运输损耗率)\times(1+采购及保管费率)-包装品回收价值 \quad\quad (1)$$

a) 材料价格一般根据各省、自治区、直辖市公布的当地信息价按不含增值税进项税额的价格计算。如果工程所在地政府造价信息部门有颁布材料信息价，则根据工程所在地政府造价信息部门颁布的价格计算。在特别偏远地区，如当地无材料信息价且无法购置材料时，可参考相邻地区的材料价格信息。

b) 运杂费指材料自供应地点至工地仓库（施工地点存放材料的地方）的运杂费用，按不含增值税进项税额的价格计算，包括装卸费、运费。如果产生费用还应计囤存费及其他杂费（如过磅、标签、支撑加固、路桥通行等费用）。通过铁路、水路和公路运输部门运输的材料，按铁路、航运和当地交通部门规定的运价计算运费。施工单位自办的运输，按当地交通部门规定的统一运价计算运费。对工程运输条件特别差、建筑材料需经多次转运的，在施工临时工程中增列二次转运费，根据实际转运情况列项计算。一种材料如有两个以上的供应点时，应根据不同的运距、运量、运价采用加权平均的方法计算运费。材料信息价中包含一部分运距的，在计算运费时应扣除该部分运距。有容器或包装的材料及长、大、轻浮材料，应按表7规定的毛重计算。桶装沥青、汽油、柴油按每吨摊销一个旧汽油桶计算包装费（不计回收）。

c) 场外运输损耗指有些材料在正常的运输过程中发生的损耗，这部分损耗应摊入材料单价内。材料场外运输操作损耗率见表8。

d) 采购及保管费指材料供应部门（包括工地仓库以及各级材料管理部门）在组织采购、供应和保管材料过程中，所需的各项费用及工地仓库的材料储存损耗。材料采购及保管费应以材料的原价加运杂费及场外运输损耗的合计数为基数，乘以采购保管费率计算。材料的采购及保管费费率为2.5%，外购的构件、成品及半成品的预算价格，其计算方法与材料相同，但构件（如外购的钢桁梁、钢筋混凝土构件及加工钢材等半成品）的采购保管费率为1%。商品混凝土预算价格的计算方法与材料相同，但其采购保管费率为0。

$$材料采购及保管费=(材料原价+运杂费+场外运输损耗)\times采购保管费率 \quad\quad (2)$$

表 7 材料毛重系数及单位毛重

材料名称	单位	毛重系数/%	单位毛重/t
爆破材料	t	1.35	—
水泥、块状沥青	t	1.01	—
铁钉、铁件、焊条	t	1.10	—
液体沥青、液体燃料、水	t	桶装1.17,油罐车装1.00	—
木料	m³	—	1.000
草袋	个	—	0.004

表 8 材料场外运输操作损耗率

单位:%

材料名称		场外运输(包括一次装卸)	每增加一次装卸
块状沥青		0.5	0.2
石屑、碎砾石、沙砾、煤渣、工业废渣、煤		1.0	0.4
砖、瓦、桶装沥青、石灰、黏土		3.0	1.0
草皮		7.0	3.0
水泥(袋装、散装)		1.0	0.4
砂	一般地区	2.5	1.0
	多风地区	5.0	2.0

6.1.2.2 主要材料限价

为消除地质灾害防治工程主要材料价格变动对建设工程有关费用的影响,对进入工程单价的外购材料预算价格进行限价计算。主要材料限价见表9。

表 9 主要材料限价

序号	材料名称	单位	限价/元
1	水泥	t	255
2	钢筋	t	2 560
3	汽油	t	3 075
4	柴油	t	2 990
5	砂、卵石(碎石)、条、块石	m³	60
6	炸药	t	5 150
7	商品混凝土	m³	200

当不含增值税进项税额的材料预算价格等于或小于主要材料限价时,按不含增值税进项税额的材料预算价格计入工程综合单价;当不含增值税进项税额的材料预算价格大于主要材料限价时,按材料限价计入工程综合单价,超出限价部分作为价差处理。价差与预算中的费用的不同之处是不参与措施费、间接费、利润等的计取,仅计算材料费和税金。具体计算见式(3):

$$材料价差 = \sum[(不含增值税进项税额的材料预算价格 - 材料限价) \times 定额数量] \quad\quad (3)$$

6.1.3 电、水、风预算价格

6.1.3.1 施工用电价格

如果施工用电直接接入市政或农村用电,则施工用电价格根据当地工程用电信息价格按不含增值税进项税额价格计算,其接入费用可在施工临时工程中计算。

如果采用现场柴油发电机发电,则采用下列公式计算:

$$柴油发电机供电价格(自设水泵供冷却水) = \frac{柴油发电机组(台)时总费用 + 水泵组(台)时总费用}{柴油发电机额定容量之和 \times K} \div$$

$$(1 - 厂用电率) \div (1 - 变配电设备及配电线路损耗率) + 供电设施维修摊销费 \quad\quad (4)$$

柴油发电机供电如采用循环冷却水,不用水泵,电价计算公式为:

$$柴油发电机供电价格 = \frac{柴油发电机组(台)时总费用}{柴油发电机额定容量之和 \times K} \div (1 - 厂用电率) \div$$

$$(1 - 变配电设备及配电线路损耗率) + 单位循环冷却水费 + 供电设施维修摊销费 \quad\quad (5)$$

式中:

K——发电机出力系数,一般取 0.8~0.85;

厂用电率取 4%~6%;

变配电设备及配电线路损耗率取 5%~8%;

供电设施维修摊销费取 0.02 元/(kW·h)~0.03 元/(kW·h);

单位循环冷却水费取 0.03 元/(kW·h)~0.05 元/(kW·h)。

6.1.3.2 施工用水价格

如果施工用水直接接入市政或农村用水,则施工用水价格根据当地工程用水信息价格按不含增值税进项税额价格计算,其接入费用可在施工临时工程中计算。如采用现场抽水设备抽水,则根据施工组织设计所配置的供水系统设备组(台)时总费用和组(台)时总有效供水量计算。

水价计算公式:

$$施工用水价格 = \frac{水泵组(台)时总费用}{水泵额定容量之和 \times K} \div (1 - 供水损耗率) +$$

$$供水设施维修摊销费 \quad\quad (6)$$

式中:

K——能量利用系数,取 0.75~0.85;

供水损耗率取 8%~12%;

供水设施维修摊销费取 0.02 元/m³~0.03 元/m³。

注1:施工用水为多级提水井中间有分流时,要逐级计算水价。
注2:施工用水有循环用水时,水价要根据施工组织设计的供水工艺流程计算。

6.1.3.3 施工用风价格

施工用风价格由基本风价、供风损耗和供风设施维修摊销费组成,根据施工组织设计所配置的空气压缩机系统设备组(台)时总费用和组(台)时总有效供风量计算。

风价计算公式:

$$\text{施工用风价格} = \frac{\text{空气压缩机组(台)时总费用} + \text{水泵组(台)时总费用}}{\text{空气压缩机额定容量之和} \times 60\min \times K} \div (1 - \text{供风损耗率}) +$$
$$\text{供风设施维修摊销费} \quad \cdots\cdots\cdots\cdots (7)$$

空气压缩机系统如采用循环冷却水,不用水泵,则风价计算公式为:

$$\text{施工用风价格} = \frac{\text{空气压缩机组(台)时总费用}}{\text{空气压缩机额定容量之和} \times 60\min \times K} \div (1 - \text{供风损耗率}) +$$
$$\text{单位循环冷却水费} + \text{供风设施维修摊销费} \quad \cdots\cdots\cdots\cdots (8)$$

式中:

K——能量利用系数,取 0.70～0.85;

供风损耗率取 8%～12%;

单位循环冷却水费取 0.005 元/m^3;

供风设施维修摊销费 0.002 元/m^3～0.003 元/m^3。

6.1.4 施工机械使用费

施工机械使用费是指列入预算定额的施工机械台班数量,按相应的机械台班费用定额计算的施工机械使用费和小型机具使用费。

施工机械台时预算价格按《地质灾害防治工程施工机械台时费定额及混凝土、砂浆配合比》(T/CAGHP 065.4—2019)计算。台时单价由不变费用和可变费用组成,不变费用包括折旧费、修理及替换设备费、安装拆卸费;可变费用包括人工费、动力燃料费。可变费用中的人工工时数及动力燃料消耗量,应以机械台时费用定额中的数值为准。台班人工费工时单价同生产工人人工费单价。动力燃料费用则根据材料费的计算规定,按不含增值税进项税额价格计算。

$$\text{施工机械使用费} = \sum(\text{施工机械台时消耗量} \times \text{机械台时单价}) \quad \cdots\cdots\cdots\cdots (9)$$

$$\text{机械台时单价} = \text{折旧费} + \text{修理及替换设备费} + \text{安装拆卸费} + \text{人工费} + \text{动力燃料费}$$
$$\cdots\cdots\cdots\cdots (10)$$

工程造价管理机构在确定计价定额中的施工机械使用费时,应根据《地质灾害防治工程施工机械台时费定额及混凝土、砂浆配合比》(T/CAGHP 065.4—2019)结合市场调查编制施工机械台时单价。施工企业可以参考工程造价管理机构发布的台时单价,自主确定施工机械使用费的报价。如租赁施工机械公式为:

$$\text{施工机械使用费} = \sum(\text{施工机械台时消耗量} \times \text{机械台时租赁单价}) \quad \cdots\cdots (11)$$

6.1.5 混凝土材料单价

根据设计确定的不同工程部位的混凝土标号、级配和龄期,分别计算出每立方米混凝土材料单价,计入相应的混凝土工程单价内。混凝土配合比中各项材料价格以不含增值税进项税额的材料价格计算。其混凝土配合比的各项材料用量,应根据工程试验提供的资料计算,若无试验资料时,也可参照《地质灾害防治工程施工机械台时费定额及混凝土、砂浆配合比》(T/CAGHP 065.4—2019)中混凝土、砂浆配合比计算。

6.2 工程单价编制

6.2.1 工程单价

按照"价税分离"的计价规则计算工程单价,即直接费、间接费、利润、材料价差均不包含增值税进项税额。

$$工程单价 = 直接费 + 间接费 + 利润 + 材料价差 + 税金 \quad \cdots\cdots\cdots\cdots (12)$$

6.2.1.1 直接费

$$直接费 = 直接工程费 + 措施费 \quad \cdots\cdots\cdots\cdots (13)$$
$$直接工程费 = 人工费 + 材料费 + 施工机械使用费 \quad \cdots\cdots\cdots\cdots (14)$$
$$人工费 = \sum(工时消耗量 \times 人工预算单价) \quad \cdots\cdots\cdots\cdots (15)$$
$$材料费 = \sum[定额材料用量 \times 材料预算单价(或材料限价)] \quad \cdots\cdots\cdots (16)$$
$$施工机械使用费 = \sum(施工机械台时消耗量 \times 机械台时单价) \quad \cdots\cdots\cdots (17)$$

6.2.1.2 间接费

间接费采用计费基数乘以费率计算,以直接工程费为基数,费率按表14计取。

$$间接费 = 直接费 \times 间接费费率 \quad \cdots\cdots\cdots\cdots (18)$$

表10 间接费费率表

序号	工程类别	计算基础	间接费费率/%
1	土方工程	直接费	17.5
2	石方工程	直接费	19.5
3	砌石工程	直接费	19.5
4	钻孔灌浆及锚固工程	直接费	15.5
5	模板工程	直接费	12.5
6	混凝土工程	直接费	11.5
7	生态恢复工程	直接费	13.5
8	其他工程	直接费	13.5
9	临时工程	直接费	13.5
10	材料运输	直接费	13.5

6.2.1.3 利润

利润采用计费基数乘以利润率计算,直接费与间接费之和为计费基数,利润率为7%。

$$利润 = (直接费 + 间接费) \times 7\% \quad \cdots\cdots\cdots\cdots (19)$$

6.2.1.4 材料价差

$$材料价差 = \sum[(不含增值税进项税额的材料预算价格 - 材料限价) \times 定额数量]$$
$$\cdots\cdots\cdots\cdots (20)$$

6.2.1.5 税金

增值税税率按10%计算;城市维护建设税中工程所在地在市区的税率为7%,工程所在地在县城、乡镇的税率为5%,工程所在地不在市区、县城、乡镇的税率为1%;教育费附加税率按3%计算;地方教育附加税率按2%计算。税金税率根据国家有关规定及工程所在地的省、自治区、直辖市人民政府发布的有关规定和标准计算。

税金＝(直接费＋间接费＋利润＋材料价差)×税率 ……………(21)

6.2.2 措施费

6.2.2.1 安全文明施工费

安全文明施工费采用计费基数乘以费率计算，以直接工程费为基数，费率按表10计取。

安全文明施工费＝直接工程费×安全文明施工费费率 ……………(22)

表11 安全文明施工费费率

序号	地质灾害防治工程	计算基础	费率/%
1	滑坡防治工程	直接工程费	2.2
2	崩塌防治工程	直接工程费	2.0
3	泥石流防治工程	直接工程费	2.5
4	地面塌陷、地裂缝、地面沉降防治工程	直接工程费	2.0

6.2.2.2 夜间施工增加费

夜间施工增加费采用计费基数乘以费率计算，以直接工程费为基数，费率按表12计取。

夜间施工增加费＝直接工程费×夜间施工增加费费率 ……………(23)

表12 夜间施工增加费费率

序号	地质灾害防治工程	计算基础	费率/%
1	滑坡防治工程	直接工程费	1.2
2	崩塌防治工程	直接工程费	1.0
3	泥石流防治工程	直接工程费	1.5
4	地面塌陷、地裂缝、地面沉降防治工程	直接工程费	1.0

6.2.2.3 冬雨季施工增加费

冬雨季施工增加费采用计费基数乘以费率计算，以直接工程费为基数，费率按表13计取。

冬雨季施工增加费＝直接工程费×冬雨季施工增加费费率 ……………(24)

表13 冬雨季施工增加费费率

序号	地区名称	计算基础	费率/%
1	西南区(西藏自治区除外)、中南区、华东区	直接工程费	0.5～1.0
2	华北区	直接工程费	1.0～2.0
3	西北区、东北区	直接工程费	2.0～4.0
4	西藏自治区	直接工程费	2.0～4.0

西南区、中南区、华东区中,按规定不计冬雨季施工增加费的地区取最小值,计算冬雨季施工增加费的地区可取最大值;华北区中,内蒙古自治区等较严寒地区可取大值,其他地区取中值或小值;西北区、东北区中,陕西、甘肃等省取小值,其他地区可取中值或大值。

6.2.2.4 其他措施费

其他措施费采用计费基数乘以费率计算,以直接工程费为基数,费率按表14计取。

$$其他措施费 = 直接工程 \times 其他措施费费率 \qquad (25)$$

表14 其他措施费费率

序号	地质灾害防治工程	计算基础	费率/%
1	滑坡防治工程	直接工程费	1.5
2	崩塌防治工程	直接工程费	1.5
3	泥石流防治工程	直接工程费	1.8
4	地面塌陷、地裂缝、地面沉降防治工程	直接工程费	1.5

6.3 地质灾害防治工程概(估)算编制

地质灾害防治工程概(估)算编制分为主体工程、施工临时工程、独立费、预备费。概(估)算表格及格式参见附录。

6.3.1 主体工程

主体工程按下列方法编制:
a) 按设计工程量乘以工程单价计算。
b) 主体工程工程量根据《地质灾害防治工程预算定额》(T/CAGHP 065.3—2019)中工程量计算规则计算,按项目划分列项计算到三级项目。

6.3.2 施工临时工程

a) 导流工程、其他临时工程同主体工程编制方法,根据设计工程量乘以工程单价计算。
b) 施工交通工程。根据工程所在地区临时道路造价指标或类似已建工程实际资料编制。其费用一般为:平原地区1万元/km~2万元/km,浅丘地区3万元/km~4万元/km,深丘地区5万元/km~6万元/km,一般山区10万元/km~15万元/km,维修道路按0.50万元/km~0.80万元/km计算。
c) 施工供电工程。根据工程所在地供电部门不同供电等级临时输电线路造价指标计算。10 kV输电线路架设,平原地区4.5万元/km,微丘地区5万元/km,山区6万元/km。35 kV输电线路架设,平原及微丘地区12万元/km,山区15万元/km。380V以下的低压线路架设,已包括在小型临时设施摊销费中,不可单独列项计算。
d) 临时房屋建筑工程。根据工程所在地区临时房屋建筑工程造价指标或类似已建工程实际资料编制。办公室200元/m²~220元/m²,生活住房180元/m²~200元/m²,生活福利设施180元/m²~200元/m²,仓库150元/m²~170元/m²。

6.3.3 独立费

6.3.3.1 项目建设管理费

项目建设管理费根据《基本建设项目建设成本管理规定》(财建〔2016〕504号)文件计算。

6.3.3.2 工程勘查设计费

工程勘查设计费依据《国家计委、建设部关于发布工程勘察设计收费管理规定的通知》(计价格〔2002〕10号)文件计算,缺项部分执行中国地质调查局现行《地质调查项目预算标准》。工程勘查设计费也可按市场调节价计算。

6.3.3.3 工程造价咨询费

工程造价咨询费根据国家有关规定及工程所在地的省、自治区、直辖市人民政府发布的有关规定和标准计算。

6.3.3.4 科学研究试验费

科学研究试验费按实际情况计取。

6.3.3.5 工程监理与相关服务费

工程监理与相关服务费根据《地质灾害治理工程监理预算标准》(T/CAGHP 015—2018)文件计算,也可按市场调节价计算。

6.3.3.6 设计文件审查费

设计文件审查费采用计费基数乘以费率计算,以工程费为基数,费率按0.1%计取。

6.3.3.7 建设及施工场地征用费

土地征用及拆迁补偿费应根据审批单位批准的建设工程用地和临时用地面积及其附着物的情况,以及实际发生的费用项目,按国家有关规定及工程所在地的省、自治区、直辖市人民政府发布的有关规定和标准计算。

6.3.3.8 环境保护税及水土保持费

环境保护税根据国家有关规定及工程所在地的省、自治区、直辖市人民政府发布的有关规定和标准计算。

水土保持补偿费根据《水土保持补偿费征收使用管理办法》(财综〔2014〕8号)、《关于水土保持补偿费收费标准(试行)的通知》(发改价格〔2014〕886号)及各省、自治区、直辖市发布的相关文件计算。

6.3.3.9 专项检测费

专项检测费采用计费基数乘以费率计算,以工程费为基数,费率按1%计取。

6.3.3.10 监测费

监测费按实际情况计取。

6.3.3.11 工程保险费

工程保险费采用计费基数乘以费率计算,以工程费为基数,费率按0.3%计取。

6.3.4 预备费

预备费包括基本预备费和价差预备费。基本预备费采用计费基数乘以费率计算,以工程费和独立费之和为基数,根据地质灾害防治工程的复杂性,费率按 5%～10% 计取。

6.3.5 地质灾害防治工程各项费用的计算方式

地质灾害防治工程各项费用的计算方式见表 15。

表 15　地质灾害防治工程各项费用的计算方式

序号	项目	计算方式
(一)	主体工程费(即人、材、机费)	按编制年工程所在地的预算价格计算
(二)	施工临时工程费	按编制年工程所在地的预算价格计算
(三)	措施费	[(一)+(二)]×措施费综合费率
(四)	直接费	(一)+(二)+(三)
(五)	间接费	直接费×间接费费率
(六)	利润	[(四)+(五)]×利润率
(七)	材料价差	$\sum$[(不含增值税进项税额的材料预算价格－材料限价)×定额数量]
(八)	税金	[(四)+(五)+(六)+(七)]×税率
(九)	工程费	(四)+(五)+(六)+(七)+(八)
(十)	独立费	
	项目建设管理费	按有关规定计算
	工程勘查设计费	按有关规定计算
	工程造价咨询费	按有关规定计算
	科学研究试验费	按实际情况计算
	工程监理与相关服务费	按有关规定计算
	设计文件审查费	(九)×费率
	建设及施工场地征用费	按有关规定计算
	环境保护税及水土保持费	按有关规定计算
	专项检测费	(九)×费率
	监测费	按实际情况计算
	工程保险费	(九)×费率
(十一)	预备费	
	基本预备费	[(九)+(十)]×费率
(十二)	建设项目总费用	(九)+(十)+(十一)

附　录
（规范性附录）
概(估)算表格及格式

1　概(估)算书封面

××省(区、市)××市(州)××县(区、市)

××××治理工程初步设计概算书

（可行性研究估算书）

编制单位：

编制日期：　　年　月　日

2 概(估)算书扉页

××省(区、市)××市(州)××县(区、市)

××××治理工程初步设计概算书

(可行性研究估算书)

设 计 单 位(盖 章): _____

设 计 资 质 等 级: _____

资 质 证 书 编 号: _____

法定代表人(签字或盖章): _____

总 工 程 师(签字): _____

项 目 负 责(签字): _____

概(估)算编制(签字): _____

编制单位:

编制日期:　　　年　　月　　日

3 编制说明

a) 工程概况：
   1) 说明地质灾害防治工程名称、项目的来源、投资额、工作区的位置及地理坐标。
   2) 地质灾害类型、规模、危害对象。
   3) 交通条件（指外部通往工作区的交通条件和工作区内的交通条件），以及材料的运输距离、运输方式（机械运输或人力挑、抬等）。
   4) 主要治理措施，建筑工程主要材料用量，施工工作周期等。
   5) 工程静态总投资和工程总投资，基本预备费率，建设期融资额度、利率和利息，项目前期工程进展和投资完成情况。

b) 编制原则和依据：
   1) 本项目投资的相关文件，调整定额或取费标准，以及编制办法规定的文件。
   2) 说明概（估）算编制采用的定额。
   3) 建设项目资料依据，主要包括该项目的勘查报告、设计文件及其他相关资料。

c) 基础单价说明。说明人工预算单价，主要材料预算单价，施工用电、水、风、砂石料等基础单价，施工机械台时费的计算依据。

d) 其他费用标准及计算依据。说明科学研究试验费、永久占地及青苗补偿费、临时占地及青苗补偿费、拆迁补偿费、环境保护税、水土保持补偿费、监测费的计算依据。

e) 资金来源和筹措方式及投资比例。资金来源按中央财政、省级财政、地方财政、企业自筹等不同渠道反映，投资比例指占投资总额的百分比。

f) 编制中其他应说明问题。说明以上未涉及但可能对工程施工、费用预算形成一定影响的其他问题。

4 概(估)算汇总表

4.1 总概(估)算表

总概(估)算表

建设项目名称：　　　　　　　　　　　　　　　　　　　　　　　　　　　　　　单位：万元

序号	工程或费用名称	主体工程	施工临时工程	独立费	预备费	合计	各项费用比例/%
一	主体工程						
二	施工临时工程						
三	独立费						
1	项目建设管理费						
2	工程勘查设计费						
3	工程造价咨询费						
4	科学研究试验费						
5	工程监理与相关服务						
6	设计文件审查费						
7	建设及施工场地征用费						
8	环境保护税及水土保持费						
9	专项检测费						
10	监测费						
11	工程保险费						
四	预备费						
1	基本预备费						
五	建设项目总费用						

4.2 建筑工程概(估)算表

建筑工程概(估)算表

建设项目名称：　　　　　　　　　　　　　　　　　　　　　　　　　　　　　第　　页共　　页

序号	工程名称	单位	数量	单价/元	合价/元

注：本表适用于编制主体工程概(估)算、施工临时工程概(估)算。按项目划分列至三级项目。

4.3 独立费和预备费概(估)算表

独立费和预备费概(估)算表

建设项目名称：

序号	费用名称	说明及计算公式	金额/元	备注
一	独立费			
1	项目建设管理费			
2	工程勘查设计费			
3	工程造价咨询费			
4	科学研究试验费			
5	工程监理与相关服务费			
6	设计文件审查费			
7	建设及施工场地征用费			
8	环境保护税及水土保持费			
9	专项检测费			
10	监测费			
11	工程保险费			
二	预备费			
1	基本预备费			

4.4 建筑工程单价汇总表

建设项目名称：

建筑工程单价汇总表

第　页 共　页
单位：元

序号	工程名称	单位	单价	其中						
				人工费	材料费	机械费	措施费	间接费	利润	材料价差	税金

4.5 人工、主要材料、机械台班数量汇总表

人工、主要材料、机械台班数量汇总表

建设项目名称：　　　　　　　　　　　　　　　　　　　　　　　　　　　　　　　第　页共　页

序号	名称及规格	单位	数量	备注

4.6 人工、材料单价汇总表

人工、材料单价汇总表

建设项目名称： 　　　　　　　　　　　　　　　　　　　　　　　　　　第　页共　页

序号	名称及规格	单位	单价/元	备注

4.7 机械台班单价汇总表

机械台班单价汇总表

建设项目名称：　　　　　　　　　　　　　　　　　　　　　　　第　页　共　页

单位：元

序号	名称及规格	定额编号	台时费	其中				
				折旧费	修理及替换设备费	安装拆卸费	人工费	燃料动力费

4.8 建设及施工场地征用数量汇总表

建设及施工场地征用数量汇总表

建设项目名称：　　　　　　　　　　　　　　　　　　　　　　　　　　　　　　　　第　页　共　页

序号	占地工程措施	占地面积/m²	占地类型	单价/元	合价/元	备注
	合计					

5 概(估)算计算表

5.1 建筑工程单价表

建筑工程单价表

定额名称					
定额编号			定额单位		
工作内容					
编号	名称	单位	数量	单价/元	合价/元
一	直接费				
1	直接工程费				
	人工费				
2	措施费				
二	间接费				
三	利润				
四	材料价差				
五	税金				
六	合计				

5.2 材料预算单价表

建设项目名称：

材料预算单价表

第 页 共 页

序号	名称及规格	单位	原价/元	运杂费				原价运费合计/元	场外运输损耗		采购及保管费		包装品回收价值/元	预算单价/元
				单位毛重/t	运输方式	运距/km	单位运费/元		损耗率/%	金额/元	费率/%	金额/元		

5.3 混凝土材料预算单价表

混凝土材料预算单价表

建设项目名称：

第 页 共 页

序号	混凝土标号	水泥强度等级	级配	预算量					单价/元
				水泥/kg	掺合料/kg	砂/m³	石子/m³	外加剂/kg	水/kg	

5.4 人工预算单价表

人工预算单价表

建设项目名称：

第　页共　页

序号	人工等级	月工资单价/元					年平均每月法定工作日/d	日工资单价/元
		计时、计件工资	奖金	津贴、补贴	特殊情况下支付的工资	合计		

6 相关文件

本单位编制人员取得的相关机构组织的专业培训结业证书复印件(盖鲜章)，计算人工、材料预算价格依据的有关文件及其他相关文件。